国家电网有限公司

安全文化建设
指引手册
2023

中国电力出版社
CHINA ELECTRIC POWER PRESS

要全面贯彻党的二十大精神，深刻认识国家安全面临的复杂严峻形势，正确把握重大国家安全问题，加快推进国家安全体系和能力现代化，以新安全格局保障新发展格局，努力开创国家安全工作新局面。

——习近平总书记在二十届中央国家安全委员会第一次会议上的讲话（2023 年 5 月 30 日）

《人民日报》2023 年 5 月 31 日

坚持安全第一、预防为主，建立大安全大应急框架，完善公共安全体系，推动公共安全治理模式向事前预防转型。推进安全生产风险专项整治，加强重点行业、重点领域安全监管。提高防灾减灾救灾和重大突发公共事件处置保障能力，加强国家区域应急力量建设。

——习近平总书记在中国共产党第二十次全国代表大会上的报告（2022 年 10 月 16 日）

《求是》杂志 2022 年第 21 期

人民至上、生命至上，保护人民生命安全和身体健康可以不惜一切代价！

——习近平总书记在参加十三届全国人大三次会议内蒙古代表团审议时的讲话（2020 年 5 月 22 日）

《人民日报》2020 年 5 月 23 日

要坚持群众观点和群众路线，坚持社会共治，完善公民安全教育体系，推动安全宣传进企业、进农村、进社区、进学校、进家庭，加强公益宣传，普及安全知识，培育安全文化，开展常态化应急疏散演练，支持引导社区居民开展风险隐患排查和治理，积极推进安全风险网格化管理，筑牢防灾减灾救灾的人民防线。

——习近平总书记在中共中央政治局第十九次集体学习时的讲话（2019 年 11 月 29 日）

《人民日报》2019 年 12 月 1 日

各级党委和政府特别是领导干部要牢固树立安全生产的观念，正确处理安全和发展的关系，坚持发展决不能以牺牲安全为代价这条红线。

——习近平总书记在中共中央政治局常委会会议上的讲话（2016 年 7 月）

《人民日报》2016 年 7 月 21 日

序

习近平总书记强调，文化自信是一个国家、一个民族发展中最基本、最深沉、最持久的力量。安全文化作为安全价值观、态度、道德准则和行为规范组成的统一体，是社会文化和企业文化的重要组成部分，是引领高质量发展的根基和动力，是实现安全生产长治久安的制胜法宝。国家电网有限公司作为关系国家能源安全和国民经济命脉的特大型国有重点骨干企业，深入贯彻落实习近平总书记关于安全生产重要论述和重要指示批示精神，坚持人民至上、生命至上，牢固树立总体国家安全观，把确保安全作为忠诚捍卫"两个确立"、增强"四个意识"、坚定"四个自信"、做到"两个维护"的重大政治任务，加强安全文化建设，推进文化自信自强，营造"我要安全、人人安全、公司安全"的安全文化氛围，实现"人人讲安全、公司保安全"，以"一体四翼"高质量发展全面推进具有中国特色国际领先的能源互联网企业建设，为国家能源电力安全、经济社会高质量发展提供坚强保障。

文化如水，浸润无声。近年来，公司在传承中创新，在创新中发展，管理强安、铁腕治安、改革促安、科技保安，形成了一系列安全文化典型经验和实践成果，积累了深厚的安全文化底蕴。安全文化在公司高质量发展中发挥了至关重要的作用，按照"安全第一、预防为主、以人为本、综合治理"方针，优化完善安全文化顶层设计，实施安全文化建设重点任务，构建安全文化常态长效机制，切实提升安全意识、规范安全行为，在保障电力安全可靠供应、推动绿色发展能源转型中勇立潮头，在加快重大项目建设、推动电网高质量发展中迎难而上，在抗疫保电、抢险救灾等大战大考中冲锋在前，为美好生活充电、为美丽中国赋能，以实际行动扛起"大国重器""顶梁柱"的责任担当。

抓铁有痕，踏石留印。公司总结提炼广泛认同、高度认可的十个核心安全理念，印发了《国家电网有限公司关于安全文化建设的实施意见》，编制了《国家电网有限公司安全文化建设指引手册（2023）》，将安全文化作为凝聚力量的精神纽带、推动高质量发展的重要保障，确立了2030年全面建成国内领先、行业标杆、世界一流的国网特色安全文化体系的远期规划目标，全面建设安全文化价值体系、保证体系、传播体系、行为体系、评价体系五个体系，以文化人、以文固本，为推动公司安全治理体系和治理能力现代化提供价值引领力、文化凝聚力、精神推动力。

新征程上，公司以习近平新时代中国特色社会主义思想为指导，深入贯彻落实习近平总书记关于安全生产重要论述和重要指示批示精神，坚定文化自信、担当使命、奋发有为，以安全文化建设夯实安全生产基础，以"时时放心不下"的责任感抓安全、保供电、促发展，为全面建设具有中国特色国际领先的能源互联网企业提供坚强安全保障，为强国建设、民族复兴伟业添砖加瓦、增光添彩！

董事长、党组书记　　　　　　　　　总经理、党组副书记

 国家电网有限公司
STATE GRID
CORPORATION OF CHINA

企业宗旨　人民电业为人民

公司使命　为美好生活充电、为美丽中国赋能

战略目标　具有中国特色国际领先的能源互联网企业

发展布局　一业为主、四翼齐飞、全要素发力（"一体四翼"）

目录 CONTENTS

第一篇

公司安全文化溯源

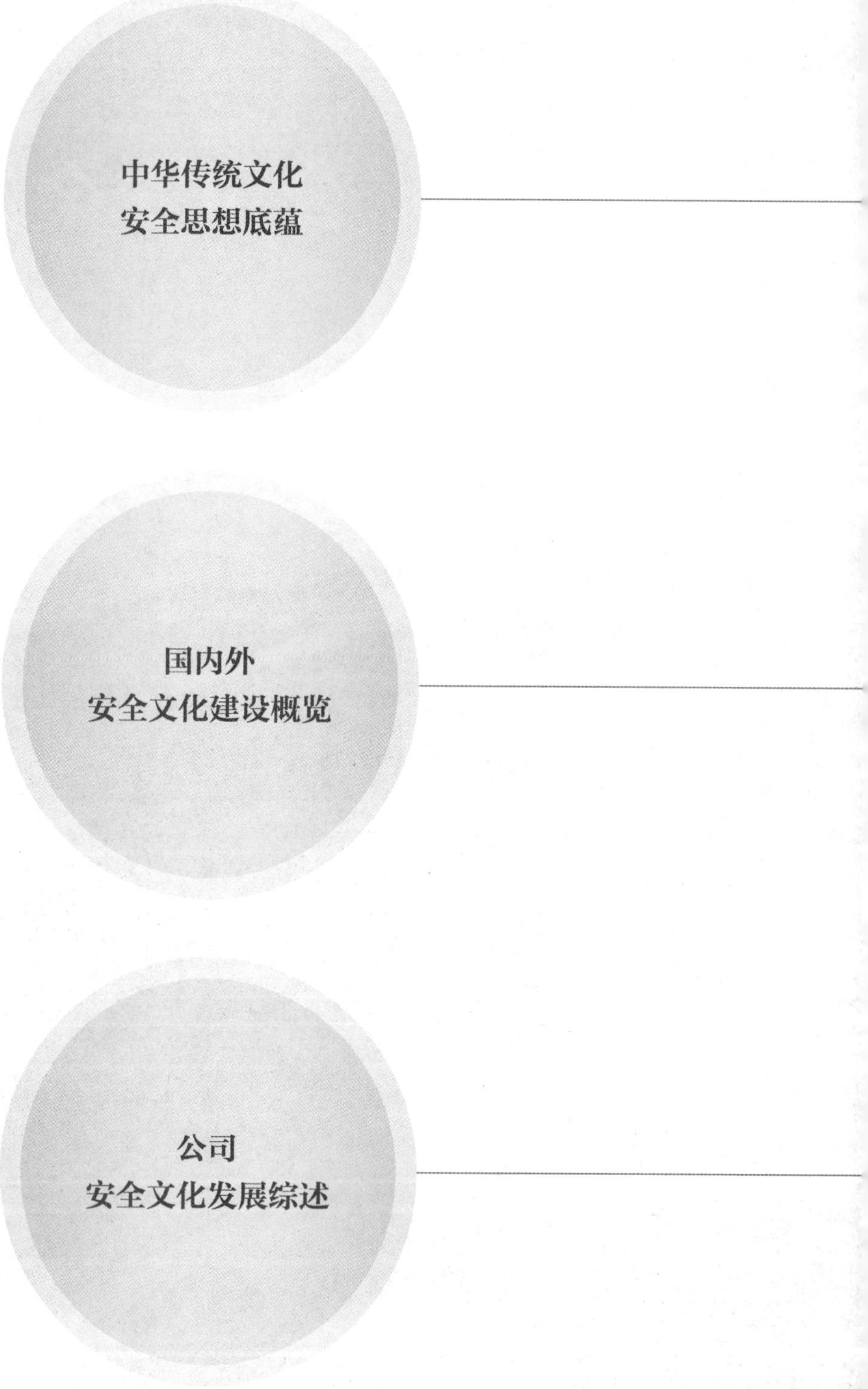

中华传统文化
安全思想底蕴

国内外
安全文化建设概览

公司
安全文化发展综述

公司安全文化溯源逻辑结构

遵规守纪的思想

预防为主的思想

以人为本的思想

风险防范的思想

久久为功的思想

安全文化起源

相关行业实践

第一阶段　从新中国成立到改革开放前夕

第二阶段　从改革开放初期到 21 世纪初

第三阶段　从 21 世纪初到党的十八大召开前

第四阶段　进入中国特色社会主义新时代以来

中华传统文化安全思想底蕴

中华传统文化源远流长、博大精深，是中华文明演化而汇集成的一种反映民族特质和风貌的民族文化，是民族历史上各种思想文化、观念形态的总体表征。在中华民族悠久的历史进程中，孕育了"居安思危""长治久安""防微杜渐"等安全思想方略，对中国社会发展和人民思想观念产生着久远而深刻的影响，对于我们今天现代社会安全活动极有借鉴价值。公司在构建、形成和传播特色安全文化过程中，积极汲取和传承中华优秀传统文化，择善而用，为公司安全文化体系建设注入了底蕴深厚的"中华传统文化基因"。

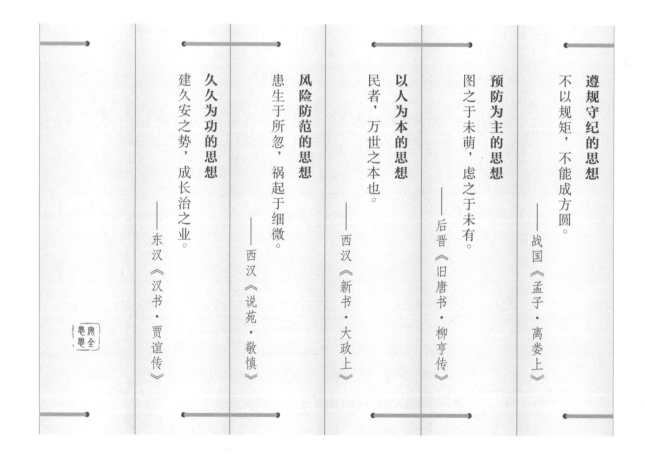

久久为功的思想

建久安之势，成长治之业。

——东汉《汉书·贾谊传》

风险防范的思想

患生于所忽，祸起于细微。

——西汉《说苑·敬慎》

以人为本的思想

民者，万世之本也。

——西汉《新书·大政上》

预防为主的思想

图之于未萌，虑之于未有。

——后晋《旧唐书·柳亨传》

遵规守纪的思想

不以规矩，不能成方圆。

——战国《孟子·离娄上》

国内外安全文化建设概览

20世纪80年代，国际核工业领域开始思考研究安全管理模式、工作作风和习惯、个人参与度与核安全水平相关性，首次提出"安全文化"这一概念。安全文化对安全生产工作的重要意义逐步成为国内外优秀企业的普遍共识。

从国际看，1986年，国际原子能机构（IAEA）的国际核安全咨询组（INSAG）在总结切尔诺贝利核电站的事故教训之后认识到，"核安全文化"对核工业事故有重要的影响。1988年，INSAG在其"核安全的基本原则"中把"安全文化"（safety culture）的概念作为一种基本的管理原则，提出安全目标必须渗透到核电厂发电所进行的一切活动中。1991年，INSAG编写的报告《安全文化》面世，报告中首次定义了"安全文化"——"安全文化是存在于单位和个人中的种种素质和态度的总和"。安全文化正式在世界各国传播和实践，美国杜邦公司、英国国家电网公司、德国意昂集团等企业相继开展安全文化建设、传播与实践，形成了较为成熟的安全文化体系，为公司推进安全文化建设提供了参考。

从国内看，20世纪90年代以来，安全文化在各行业、各领域陆续传播、实践。2008年，国家安全生产监督管理总局颁布《企业安全文化建设导则》和《企业安全文化建设评价准则》，从制度上给予企业安全文化建设明确指导和要求。2010年，中国核能电力股份有限公司借鉴国际核安全文化的体系，开始安全文化建设探索，历经13年固化形成"中国核电卓越核安全文化十大原则"[1]；2023年，中国民用航空局在消化吸收国际航空规则的基础上，提出"生命至上、安全第一、遵章履责、崇严求实"核心价值理念，构建以忧患文化、责任文化、法治文化、诚信文化、协同文化、报告文化、公正文化、精益文化、严管厚爱文化、求真务实文化为主要内容的安全文化价值体系，为国内企业安全文化建设提供了典型经验。在电力行业，2020年，国家能源局印发《电力安全文化建设指导意见》，对电力行业安全文化建设进行全面、系统的部署，加速推进了电力行业的安全文化建设，探索性提出电力行业安全文化核心价值理念——"和谐·守规"。公司借鉴国内外安全文化先进理念和典型做法，基于公司安全生产实践，提出"十个核心安全理念"，公司安全文化建设进入新阶段。

---

[1] 中国核电卓越核安全文化十大原则：①核安全人人有责；②认识核技术的独特性；③秉持质疑的态度；④沟通关注安全；⑤领导做安全的表率；⑥决策体现安全第一；⑦营造和谐的氛围；⑧保持对安全的忧患意识；⑨识别并解决问题；⑩践行学习型组织。

公司安全文化发展综述

第一阶段

从新中国成立到改革开放前夕

新中国成立后，中国电力工业开始进入恢复时期，经历了燃料工业部、电力工业部和水利电力部三个阶段，在基础薄弱、技术落后的客观背景下，提出了树立"安全第一"的思想，引入《电业安全工作规程》，对保障人身和设备安全起到了重要作用，开启了构建安全管理制度体系的新篇章。这一时期，尚未形成电力安全文化的概念。

·时代背景·

·1949 年
中央人民政府燃料工业部召开了第一次全国煤矿工作会议，明确提出"在职工中开展保安教育，树立安全第一的思想"。

·1963 年
国务院颁布《关于加强企业生产中安全工作的几项规定》，首次把安全生产宣传教育与文化建设联系起来，要求结合企业职工文化生活，进行多种形式的安全生产宣传活动，对职工进行经常性的安全教育。

·公司安全文化发展追溯

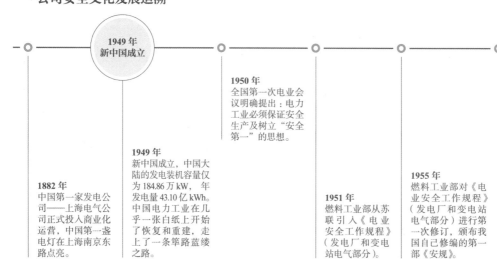

1949 年 新中国成立

1950 年
全国第一次电业会议明确提出：电力工业必须保证安全生产及树立"安全第一"的思想。

1949 年
新中国成立，中国大陆的发电装机容量仅为 184.86 万 kW，年发电量 43.10 亿 kWh。中国电力工业在几乎一张白纸上开始了恢复和重建，走上了一条筚路蓝缕之路。

1882 年
中国第一家发电公司——上海电气公司正式投入商业化运营，中国第一盏电灯在上海南京东路点亮。

1951 年
燃料工业部从苏联引入《电业安全工作规程》（发电厂和变电站电气部分）。

1955 年
燃料工业部对《电业安全工作规程》（发电厂和变电站电气部分）进行第一次修订，颁布我国自己修编的第一部《安规》。

1962 年
电力工业部颁布《电业安全工作规程》（热力和机械部分）。

第二阶段

从改革开放初期到 21 世纪初

电网进入统一集中管理时期，电力基础设施建设加快，中国电力工业形成改革促发展的局面。全国安全生产委员会成立，提出"安全第一、预防为主"安全生产方针。这一时期，安全文化概念和定义逐步明晰并在世界范围内广泛传播。《中国安全文化发展战略建议书》和《21 世纪国家安全文化建设纲要》对中国安全文化建设进行了系统思考。公司发布《安全生产工作规定》，对安全生产宣传教育和安全生产月活动的开展做出明确规定，安全文化建设进入探索阶段。

·时代背景·

·**1986 年**
苏联切尔诺贝利核电站 4 号机组发生了人类历史上最严重的核事故之一。国际原子能机构在总结切尔诺贝利事故经验教训时提出组织内所有人对待核安全的态度和行为是影响核安全的重要因素，并由此提出"安全文化"的概念。

·**1991 年**
国际原子能机构发布《安全文化》报告，给出了"安全文化是存在于单位和个人中的种种素质和态度的总和"的定义，阐述了安全文化对决策层、管理层和个人三个层次的要求，并提出一系列问题和定性的"指标"。

·**1980 年**
国务院批准，在全国开展安全生产月活动，并确定每年 6 月为安全生产月。

·**1985 年**
国务院批准，成立全国安全生产委员会，正式确定"安全第一、预防为主"作为我国安全生产方针。

·**1995 年**
首届安全文化高级研讨会在北京召开，参加会议的 120 多位专家学者联名发出《中国安全文化发展战略建议书》。

·**1996 年**
《中华人民共和国电力法》正式实施，在此前后，国务院相继颁布了《电力供应与使用条例》《电力设施保护条例》《电网调度管理条例》，中国电力工业进入了法制化时代。

·**1997 年**
中国安全文化研究会筹委会专家组研究提出《关于制定"21 世纪国家安全文化建设纲要"的建议》。

1978 年
水利电力部修订颁布《电业安全工作规程》(热力和机械部分)。

1991 年
能源部颁布《电业安全工作规程》(发电厂和变电所电气部分、电力线路部分)。

1993 年
电力工业部颁布《关于安全工作的决定》，要求电力企事业单位党政工团都要抓好职工的安全思想教育，开展群众安全监督工作；要认真进行技术业务培训与考核，增强职工的自我保护能力。

1995 年
电力工业部颁布《电力建设安全工作规程》(架空电力线路部分)。

1997 年
电力工业部撤销，国家电力公司独立运营。

2000 年
国家电力公司发布《安全生产工作规定》，要求开展以安全生产宣传教育和安全检查为主题的安全生产月活动。

第三阶段

从21世纪初到党的十八大召开前

电网建设进入快速发展时期，中国电力工业初步形成"国家管网、多家办电"的总体发展格局。首部《中华人民共和国安全生产法》颁布实施，立法明确了"安全第一、预防为主"安全生产方针。党的十六届五中全会把"综合治理"充实到安全生产方针当中。这一时期，《企业安全文化建设导则》《企业安全文化建设评价准则》《关于开展安全文化建设示范企业创建活动的指导意见》颁布，企业安全文化建设标准得到明确。经过多年实践积淀，公司于2010年明确提出"相互关爱　共保平安"安全理念，并于2011年印发《企业文化建设管理办法》，为安全文化建设指明了方法路径，安全文化建设迈入全面实践阶段。

· 时代背景 ·

· 2002年
首部《中华人民共和国安全生产法》颁布实施。

· 2004年
国务院颁布《关于进一步加强安全生产工作的决定》，要求重视抓好宣传教育和舆论引导工作，把安全生产宣传教育纳入宣传思想工作的总体布局。

· 2005年
党的十六届五中全会明确了"坚持安全发展"的要求，并提出了"安全第一、预防为主、综合治理"的安全生产方针。

· 2006年
《"十一五"安全文化建设纲要》要求培养一批本质安全型企业、安全社区和安全乡镇，树立起具有示范效应的不同类型的安全典型。

· 2008年
国家安全生产监督管理总局颁布《企业安全文化建设导则》和《企业安全文化建设评价准则》。

· 2010年
国家安全生产监督管理总局颁布《关于开展安全文化建设示范企业创建活动的指导意见》。

· 2011年
《安全文化建设"十二五"规划》提出要加快推进安全文化建设示范工程，加快建成一批国家级安全文化建设示范企业、国家级安全社区和安全文化示范城市；扶持发展安全文化产业，繁荣安全文化创作，打造一批具有社会影响力的安全文化精品。国家电监会颁布《关于深入开展电力安全生产标准化工作的指导意见》。

· 公司安全文化发展追溯

2002年
国家电网公司成立。

2005年
公司发布《国家电网公司电力生产事故调查规程》，严格事故责任追究，统一事故统计口径。
公司印发《关于加强国家电网公司内质外形建设的指导意见》，将安全素质作为企业文化建设的重要内容。
在公司系统开展反事故斗争，提出防止电力生产重大事故的二十五条重点要求。

2007年
公司开展安全生产和优质服务"百问百查"活动，营造良好安全生产氛围。

2008年
公司发布《供电企业安全风险评估规范》《供电企业作业安全风险辨识防范手册》，全面推进供电企业安全风险管理。

2010年
公司出版《国家电网公司企业文化手册（2010年版）》，提出"相互关爱　共保平安"安全理念。

2011年
公司印发《国家电网公司企业文化建设管理办法》。

2012年
公司发布《国家电网公司安全工作奖惩规定》，建立完善安全奖惩机制。

第四阶段

进入中国特色社会主义新时代以来

·时代背景·

党的十八大以来，以习近平同志为核心的党中央高度重视安全生产工作，习近平总书记多次作出重要指示批示，提出了"四个革命、一个合作"能源安全新战略，中国电力工业进入高质量发展的新时期。《中华人民共和国安全生产法》（2021 修订版）公布，明确安全生产工作应当坚持中国共产党的领导，坚持人民至上、生命至上，将"三管三必须"要求写入法律。这一时期，公司实施本质安全建设，构建安全管理体系，不断完善安全管理和监督机制，涌现出一批安全文化典型经验和优秀成果，初步形成了文化与管理互动促进、螺旋式上升态势。公司于 2023 年初提出"安全第一、人人尽责、重在现场、事前预防、真抓实干、铁腕治安、久久为功、守正创新、安全效益、共享平安"十个核心安全理念，推进符合公司发展战略的企业安全文化实践落地，安全文化建设进入新阶段。

·2016 年
中共中央 国务院印发《关于推进安全生产领域改革发展的意见》，强调要"推进安全文化建设，加强警示教育，强化全民安全意识和法治意识。"

·2017 年
国家发展改革委、国家能源局印发《关于推进电力安全生产领域改革发展的实施意见》，将"推进安全文化建设"纳入五十项重点任务。国务院颁布《安全生产"十三五"规划》，将安全文化建设列为"十三五"期间安全生产工作的重点任务之一。

·2019 年
国家能源局组织开展"电力安全文化建设年"活动，安排部署"九个一"工程，举行了"电力安全文化论坛"，对加快电力安全文化建设起到巨大的推动作用。

·2020 年
国家能源局印发《电力安全文化建设指导意见》，对电力安全文化建设进行全面、系统的部署。

·2021 年
《中华人民共和国安全生产法》（2021 修订版）增加了"坚持人民至上，生命至上，把保护人民生命安全摆在首位"的表述。

2013 年
公司印发《国家电网公司关于做好电力安全生产标准化达标评级工作的通知》。

2014 年
公司发布《国家电网公司安全职责规范》，安全责任体系全面建立。公司发布《国家电网公司安全隐患排查治理管理办法》。

2016 年
公司印发《国家电网公司关于强化本质安全的决定》。

2017 年
公司首次将安全生产工作会议作为公司开年第一会，开展"一把手"讲安全活动，践行"安全第一"安全文化理念。

2018 年
公司出版《本质安全实践》，对公司安全文化建设进行了系统总结。公司印发《生产现场作业"十不干"》。公司印发《国家电网公司安全责任清单编制工作方案》。

2019 年
公司印发《安全生产风险管控平台建设与应用专项方案》，推动安全监督管理数字化转型。公司在国家能源局首届"电力安全文化论坛"发言，交流安全文化建设经验。

2020 年
公司发布《国家电网公司电力安全工作规程典型工作票》（信息、电力通信、电力监控部分）。

2021 年
"国网安全文化展厅"正式上线，宣传安全文化理念，展示安全文化成果，营造浓厚安全生产氛围，提升全员安全素养，促进公司安全平稳发展。

2023 年
公司印发《国网安委会关于推进国家电网安全管理体系建设落地的指导意见》，提出建成文化型安全管理体系的工作目标。公司印发《国家电网有限公司关于安全文化建设的实施意见》，明确了十个核心安全理念。

第二篇

公司安全文化价值体系

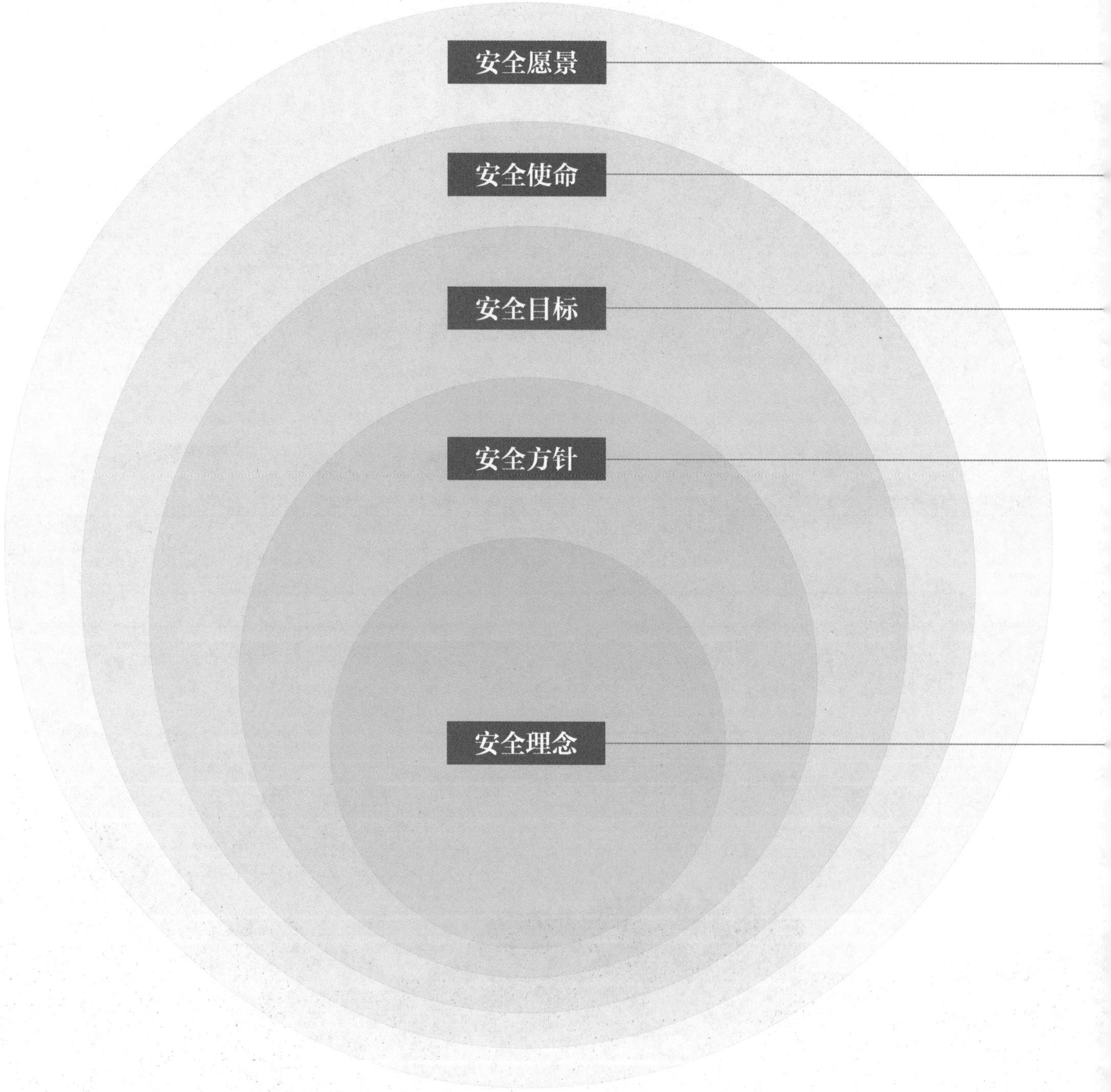

安全愿景

安全使命

安全目标

安全方针

安全理念

公司安全文化价值体系逻辑结构

人人讲安全　公司保安全

公司在安全生产工作上未来若干年要实现的远景追求。

守护员工生命　保障电力供应

为实现公司安全愿景而必须完成的核心任务。

三杜绝　三防范

为实现公司安全使命而确定的安全绩效标准。

安全第一　预防为主
以人为本　综合治理

公司安全生产工作的总要求，是安全工作的方向。

安全第一　人人尽责
重在现场　事前预防
真抓实干　铁腕治安
久久为功　守正创新
安全效益　共享平安

最基本的安全价值观、态度和道德准则，是安全文化价值体系的核心要素。

人人讲安全　公司保安全

"人人讲安全"是行动自觉，"公司保安全"是责任担当，二者相辅相成、一体两面，体现了公司上下牢记"人民电业为人民"的企业宗旨，坚守"两个至上"、坚持"安全发展"的决心。

守护员工生命　保障电力供应

守护好员工生命安全，就是践行人民至上、生命至上的真实写照；保障电力安全可靠供应，就是践行"人民电业为人民"的企业宗旨。

三杜绝　三防范

三杜绝：杜绝大面积停电事故、杜绝人身死亡事故、杜绝重特大设备事故。三防范：严格防范重大网络安全事件、严格防范重特大火灾事故、严格防范恶性误操作事故。

安全第一　预防为主
以人为本　综合治理

从事生产经营活动必须把安全放在首位，当生产及其他工作与安全生产发生矛盾时，生产及其他工作要服从安全。预防为主是实现安全第一的根本途径，就是要实现安全防控前移、安全治理前移。安全生产的实践主体是人，保护和发展生产力要始终把人的生命安全放到首位。要系统思考，综合施策，才能确保安全生产长治久安。

安全第一　人人尽责

重在现场　事前预防

真抓实干　铁腕治安

久久为功　守正创新

安全效益　共享平安

最基本的安全价值观、态度和道德准则，是安全文化价值体系的核心要素。传承中华优秀传统文化，借鉴国内外先进理念，契合公司安全实际，凝炼基层典型实践，公司从安全价值观、态度和道德准则三个方面，总结提炼了十个核心安全理念。

第三篇

公司安全理念

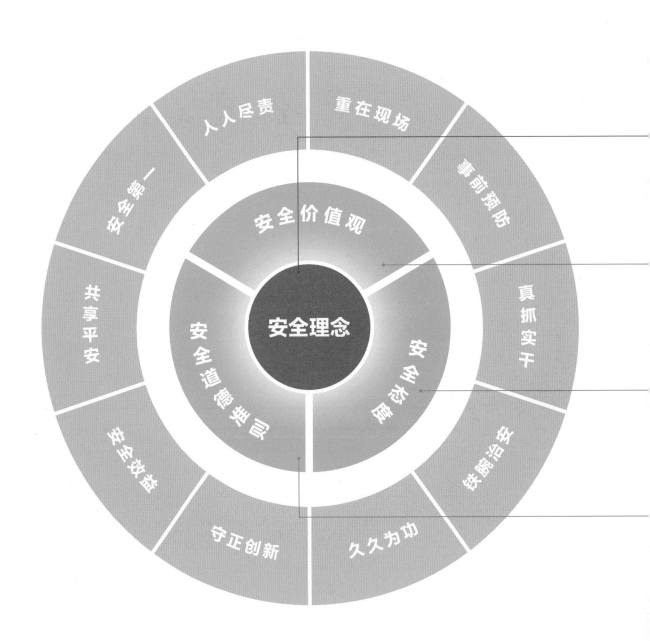

公司安全理念逻辑结构

最基本的安全价值观、态度和道德准则，是安全文化价值体系的核心要素。

被公司员工群体所认同的、对安全工作意义和重要性的总评价和总看法。

在安全价值观指导下，公司员工对各种安全问题所产生的内在反应倾向。

遵循道德之理的安全工作标准原则，是对公司员工行为的道德约束。

安全第一

安全发展是公司固有的政治担当，把确保安全作为增强"四个意识"、坚定"四个自信"、做到"两个维护"、捍卫"两个确立"的重大政治任务。牢固树立总体国家安全观，把"安全第一"的理念落实到公司和电网发展之中，统筹发展和安全，坚持"两个至上"，坚守红线意识和底线思维，当安全工作与其他工作发生矛盾时，要坚决服从于安全。

传文
承化

泾溪石险人兢慎，终岁不闻倾覆人。

却是平流无石处，时时闻说有沉沦。

——清《全唐诗》

启理
迪论

不等式法则（10000–1 ≠ 9999）：

安全是 1，没有安全，

其他的 0 再多也没有意义。

安全是一切工作的基础和前提。

重实
点践

人民至上 生命至上	把生命安全作为 所有工作的前提
保安全 保供电 保民生	开好安全第一会 讲好安全第一课 当好安全第一责任人

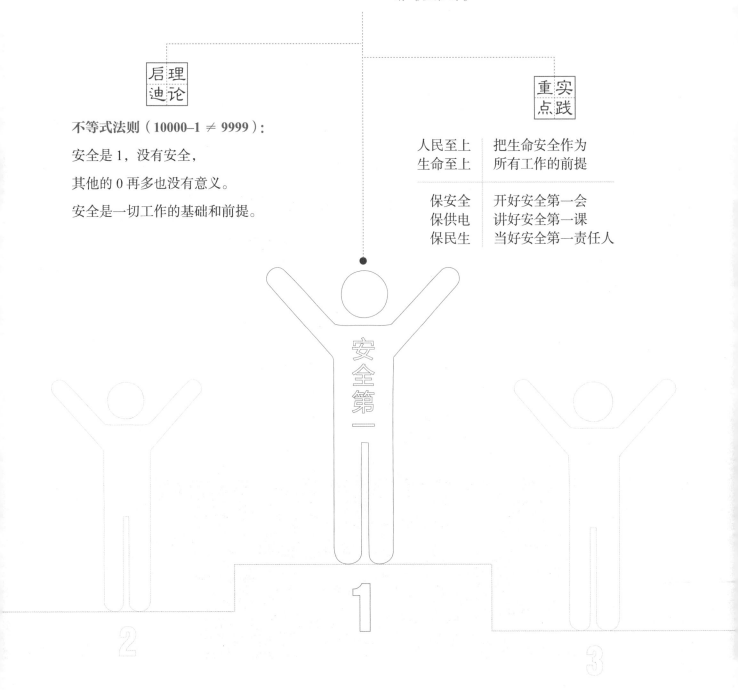

人人尽责

安全生产没有旁观者、局外人，每条战线、每个专业、每个单位、每个岗位、每名干部员工都对安全生产肩负重要责任。各级主要负责人要强化安全生产第一责任，做到亲力亲为、率先垂范。各级管理人员要落实"三管三必须"要求，把好业务安全关，拧紧安全责任链条。全体员工要对照安全责任清单尽心尽责。

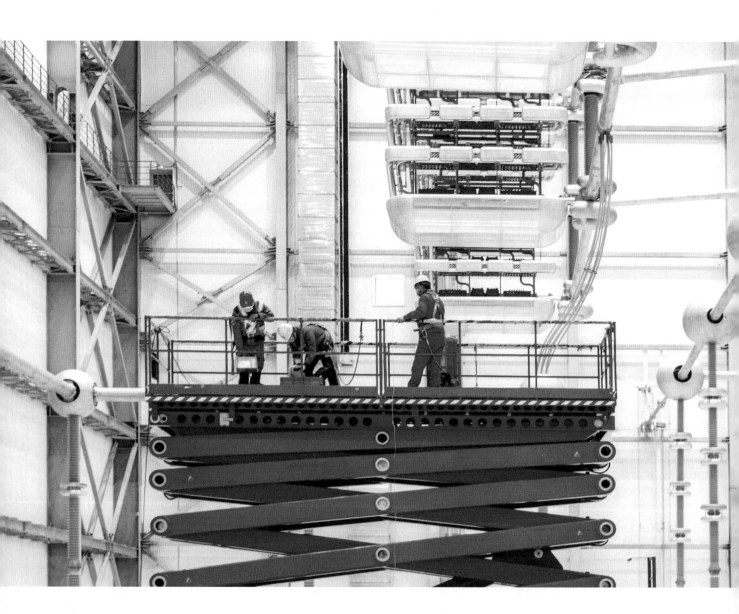

大厦之成，非一木之材也；大海之润，非一流之归也。

——明《东周列国志》

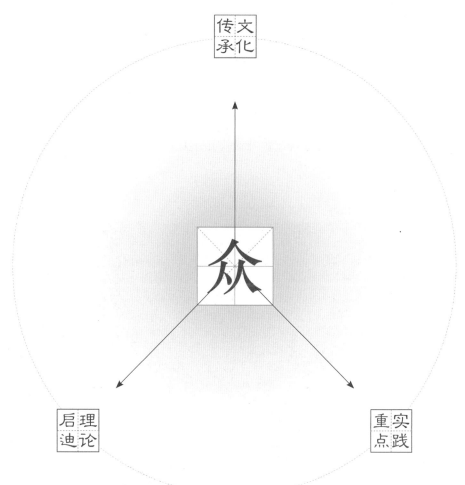

九零法则

安全生产工作不能打折扣，如果一项工作，部门（工区）主要负责人、分管负责人、班组长、工作负责人、工作班成员都按 90% 完成，安全生产执行力层层衰减，最终的结果就是不及格，就会出问题，$90\% \times 90\% \times 90\% \times 90\% \times 90\% = 59.049\%$。

墨菲定律

如果事情有变坏的可能，不管可能性有多小，它总会发生。对任何风险隐患都不能抱有侥幸心理，而要采取措施把风险隐患消灭在萌芽状态。

三管三必须

管行业必须管安全；

管业务必须管安全；

管生产经营必须管安全。

领导班子成员"两个清单"

安全生产责任清单；

年度安全生产工作清单。

全员安全责任清单

重在现场

事故都发生在现场，现场和一线是安全生产工作的落脚点，是检验工作成效的试金石。抓安全必须深入基层一线、深入作业现场，必须强化现场安全管理，夯实安全基础。要扑下身子，心系一线，坚持重心向一线倾斜、资源向一线集中、精力向一线聚焦，下沉班组查实情、深入现场解难题，持续推进现场标准化作业建设，确保现场安全可控、能控、在控。

文化传承

求木之长者，必固其根本；
欲流之远者，必浚其泉源。

——清《全唐文》

理论启迪

轨迹交叉理论：在作业现场，人的不安全行为和物的不安全状态的形成过程中，一旦发生时间和空间的运动轨迹交叉，就会造成事故。

实践重点

生产现场作业"十不干"：无票的不干；工作任务、危险点不清楚的不干；危险点控制措施未落实的不干；超出作业范围未经审批的不干；未在接地保护范围内的不干；现场安全措施布置不到位、安全工器具不合格的不干；杆塔根部、基础和拉线不牢固的不干；高处作业防坠落措施不完善的不干；有限空间内气体含量未经检测或检测不合格的不干；工作负责人（专责监护人）不在现场的不干。

两票三制：工作票、操作票；交接班制度、巡回检查制度、设备定期试验轮换制度。

事前预防

防患于未然，风险必须管控、隐患必须消除、事故可以避免。加强源头治理，把安全风险控制于源头之始，把安全隐患消灭在萌芽之初。准确把握安全生产基本规律，落实预防预控措施，精准控风险、治隐患，用"两个根本"（从根本上消除事故隐患、从根本上解决问题）来检验工作成效。

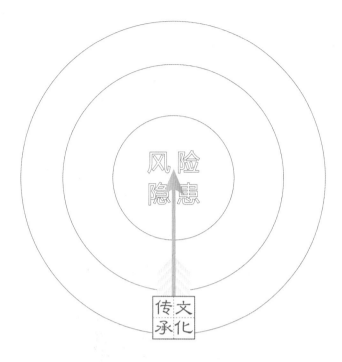

居安思危，思则有备，有备无患。

——春秋《左传·襄公十一年》

海因里希法则

1941 年美国安全工程师海因里希统计了 55 万件机械事故，其中死亡、重伤事故 1666 件，轻伤 48334 件，其余为无伤害事故，从而提出"1 : 29 : 300"法则，即 1 件严重事故背后必有 29 件轻伤或故障、300 件隐患或违章。

双重预防机制

安全风险分级管控

安全隐患排查治理

真抓实干

安全生产是干出来的，不是说出来、写出来的。必须实事求是、依法依规，讲实话、出实招、办实事、求实效，以最严格标准、最严肃态度、最严谨作风推进各项安全生产法律法规和工作要求落地，做到"说了就干、定了就办"，坚决杜绝形式主义、官僚主义，杜绝表层、表面、表演，彻底根治安全生产工作口头化、表面化和执行力层层衰减等问题。

传文承化

纸上得来终觉浅，绝知此事要躬行。

——南宋《剑南诗稿》

启理论迪

热炉效应： 指组织中任何人触犯规章制度都必须受到处罚，因触摸热炉与实行惩罚之间有许多相似之处而得名，该效应具有警示性、一致性、即时性和公平性四种特征。安全管理工作中，任何人的行为突破安全规章制度底线时，必须真抓真管、动真碰硬，坚决给予惩罚。

重实点践

铁腕治安

"宽松软"是安全事故频发的温床，"严细实"才能共保平安。各级领导干部、管理人员、监督人员要理直气壮抓安全，敢于斗争、惯于较真、善于"找茬"，做到踏石留印、抓铁有痕。对事故事件、违章问题和失职失责行为零容忍、下狠手、出重拳，绝不姑息纵容，严肃追责问责，坚决做到"宁听骂声、不听哭声"。

力，形之所以奋也。

——战国《墨经·经上》

文化传承

破窗效应：由美国政治学家詹姆斯·威尔逊和犯罪学家乔治·凯琳提出，如果有人打坏了一扇窗户，却未得到及时维修，其他人就可能效仿，进而导致更多的窗户被打烂。

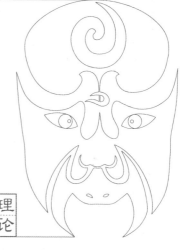

理论启迪

"三铁"反"三违"：以"铁的面孔、铁的制度、铁的处理"反"违章作业、违章指挥、违反劳动纪律"。

实践重点

久久为功

安全生产是一项系统工程，具有长期性、复杂性和艰巨性，非一日之功、非朝夕之事。要以"时时放心不下"的责任感、"睡不着觉、半夜惊醒"的紧迫感，每日从零开始，时刻紧绷安全生产这根弦，坚持常抓抓长，确保公司安全生产长治久安。

传文
承化

骐骥一跃，不能十步；

驽马十驾，功在不舍。

锲而舍之，朽木不折；

锲而不舍，金石可镂。

——战国《荀子·劝学》

启理
迪论

飞轮效应：为了使静止的飞轮转

动，一开始必须用很大的力气并反复

地推，但是每一圈的努力都不会白费，飞

轮会转动得越来越快，在达到某一临界点时，

飞轮所具有的动能便能够克服较大的阻力维持

原有运动。安全工作实践遵循飞轮效应，其

成效不是短时间可以达到的，需要长期

坚持完善。

重实
点践

建立长效机制

人人讲安全，事事为安全，

时时想安全，处处要安全。

形成动态闭环管控机制

策划、实施、检查、改进。

构建安全文化评价体系

制定评价标准，明确评价方式，

深化结果运用。

守正创新

安全生产要尊重客观规律，既要坚守安全管理的常规常识，又要创新解决新问题的方式方法。坚持系统思维，以安全生产法律法规为准绳，一以贯之、持续巩固传统有效的安全管理经验和做法。坚持问题导向，充分把握当前安全生产面临的新形势、新要求，科学正视新设备、新技术、新工艺带来的挑战，推动现场作业模式持续升级，持续优化完善安全管理体系。

文化传承

笃守正道，以新制胜。

——源自：春秋《道德经》

理论启迪

南风法则：来源于法国作家拉·封丹的寓言。北风和南风比威力，看谁能把行人身上的大衣脱掉。北风首先刮了一阵凛冽的狂风，结果行人把大衣裹得更紧。南风则徐徐吹动，天气渐暖，行人终而脱掉大衣，南风获得了胜利。在安全工作实践中，要依据规章制度严格管理，但需避免严而无度，同时要守正创新，换个角度思考问题。

实践重点

"四安"原则

铁腕治安、科技保安

管理强安、改革促安

数字化转型

安全风险管控监督平台

ECS 新一代应急指挥系统

……

安全效益

安全就是效益，没有安全，效益就会归零。工作中如果忽视安全甚至罔顾安全，会带来难以挽回的损失。要将安全融入生产的全过程，布置一切工作、安排所有计划、调配任何资源，都必须在保证安全的前提下进行。

传文
承化

天行有常，不为尧存，不为桀亡。应之以治则吉，
应之以乱则凶。

——战国《荀子·天论》

桥墩法则：大桥的一个桥墩被损坏了，上报损失往往只报一个桥墩的价值，而事实上真正的损失是整个桥梁。任何一个安全事故的损失，不仅仅是表面损失，更大的损失无法计算。

理论
启迪

罗氏法则（1：5：∞）：1元钱的安全投入，可创造5元钱的经济效益，创造出无穷大的生命效益。任何有效的安全投入（人力、物力、财力、精力等）都会产生巨大的有形和无形的效益。

安全生产"五到位"：安全责任到位、安全投入到位、安全培训到位、安全管理到位、应急救援到位。

重实
点践

安全文化建设成效"两个结合"：正向激励机制与业绩考核相结合；安全文化"软实力"与安全管理"硬实力"相结合。

共享平安

安全是个人、家庭、企业和社会共同追求的目标，"安全你我他、安全为大家"。共建共治共享安全，打造"人人参与、人人享有、惠及各方"的安全利益共同体，推动广大干部员工知安全、讲安全、抓安全，营造"同心同向、守望相助"的和谐氛围，实现个人、家庭、企业和社会共享安全。

文化
传承

出入相友，守望相助。

——战国《孟子·滕文公上》

理论
启迪

葛麦斯安全法则：在阿根廷，交通部门在一段"死亡弯道"竖立了"这是世界第一的事故段"标志牌，事故依然高发。无计可施之际，老司机葛麦斯公布"独家安全秘籍"："开车时，想想年迈的父母需要我照顾……我就会小心驾驶。"交通部门把安全标志牌换成了"安全驾驶，不要让白发苍苍的父母为你伤心"后，该路段的事故大幅降低。安全管理中，应注重亲情关爱、亲情助安，帮助员工完成从"要我安全"到"我要安全"的转变。

实践
重点

个人：四不伤害（不伤害自己、不伤害他人、不被他人伤害、保护他人不受伤害）。

家庭：亲情关爱、亲情助安。

企业：四个服务（服务党和国家工作大局、服务电力客户、服务发电企业、服务经济社会发展）。

第四篇

公司安全文化实践

公司安全文化实践逻辑结构

强政治，深化安全理念学习
强部署，发挥党组织领导作用
强表率，推动党员创先争优

明晰安全文化责任链条
制定安全文化建设制度
培育安全文化建设团队

打造办公区域安全文化环境
营造生产现场安全文化环境

领导干部带头"学"
领导干部带头"讲"
领导干部带头"做"
领导干部带头"抓"

推动安全文化融入专业管理内容
推动安全文化融入专业日常管理
推动安全文化融入现场执行落地

强化班组安全意识
规范安全工作行为
营造班组安全氛围

开发安全文化宣讲资源
组建安全文化宣讲团队
开展安全文化宣讲活动

打造安全文化品牌
推出安全文化成果
宣传安全文化典型

建设安全文化阵地
建设安全文化教育室
建设班组安全文化墙

"党建 + 安全"工程

充分发挥党建在公司安全生产中的引领保障作用，实施"党建 + 安全"工程，推动党建与安全生产深度融合，引导各级党组织增强安全意识、强化安全管理、促进安全发展，切实守住安全生产"生命线"。

实践策略

 强政治，深化安全理念学习

· 各级党组织重点抓好习近平总书记关于安全生产的重要论述、新时代总体国家安全观，以及安全生产规章制度、行业标准等学习，树牢安全发展理念。

· 以主题党日活动、安全日活动为载体，骨干党员向身边员工交流安全理念学习经验。

 强部署，发挥党组织领导作用

· 在安全生产委员会会议、党建工作领导小组会议研究"党建 + 安全"相关议题；各级党组织每年组织开展安全生产重大问题研究，推进重点任务攻坚。

· 将安全生产工作纳入党组织书记抓党建述职评议，将党建引领安全工作情况纳入安全述职。

 强表率，推动党员创先争优

· 在安全生产关键位置、重要场所设置党员责任区、党员示范岗，积极开展"无违章班组"创建、"党员身边无违章"活动，引导党员带头开展安全管理创新和技术攻关活动，将优秀党员纳入安全生产巡查和督查队伍，推动党员积极创先争优。

· 推广"安全导师"工作模式，开展结对帮扶，选择优秀党员担任"安全导师"，重点针对出现严重违章和重复性违章的员工、转岗从事生产工作的员工、新入职员工进行安全思想教育和安全生产规范指导。

实践案例

国家电网公司党组深入学习习近平总书记关于安全生产的重要论述

公司党组始终把人民至上、生命至上作为做好安全工作的根本遵循，通过召开党组会、安委会、专题会，跟进学习习近平总书记关于安全生产的重要指示批示精神和《中华人民共和国安全生产法》等最新法律法规，持续深化对安全生产极端重要性的认识，不断增强抓安全的政治自觉、思想自觉和行动自觉。公司党组坚持把安全生产会作为开年第一会，开年讲安全，以上率下，全年抓安全。公司各级领导干部通过"个人自学＋辅导讲座＋集中学习＋交流研讨"的立体学习模式，带头讲安全，践行安全理念，夯实安全文化思想基础。

国网北京电力强化安全理念学习实践

国网北京电力将安全理念融入各级党组织学习实践，坚持领导干部领学促学，切实增强安全意识和能力。各级党员干部紧盯现场人身安全，对照违章判定标准，常态实施作业现场风险管控督查检查，刚性执行"两票三制""十不干"等要求，持续加强高风险和小临散抢作业现场安全管控。深化党员履责示范，针对安全生产关键岗位创设党员示范岗、责任区、服务队，推动党员亮身份、明职责、表承诺、保安全，在党的二十大供电保障任务中，创建党员示范岗1160个、党员责任区880个，组建党员服务队（突击队）76支，坚守保电一线、扛牢保电责任，圆满完成"五个最""四个零"的保电目标。

国网甘肃电力白银供电公司开展"学思行"党建联建专项督导调研

国网甘肃电力白银供电公司开展安全文化主题党日活动，结合实际进行安全生产学习讨论、事故警示教育。通过组织生活会和民主评议党员，从思想、能力、作风、安全责任落实等方面引导党员检视问题、剖析根源、制订措施。充分发挥党支部在安全生产中的"战斗堡垒"作用，掌握员工对安全生产、安全文化建设的思想动

态，切实筑牢安全思想根基，提升全员安全认知。开展"学思行"党建联建专项督导调研，检验评价各级党组织负责人"两个清单"执行情况，推动抓党建和抓安全生产同责联动。

国网蒙东电力数字化事业部构建"党建＋安全'三个一'"赋能平台

国网蒙东电力数字化事业部发挥党建引领作用，围绕网络安全工作重点构建"党建＋安全'三个一'"赋能平台。以"每月解决一项网络安全难题"为出发点，将网络安全纳入组织生活，构建一支以党支部为主体的"攻坚团"。开展党支部书记讲安全专题党课活动，打造内蒙古自治区网络安全品牌，构建一支以党支部书记为核心的"安全师"队伍。强化专业人才培养，深化联动工作机制，构建一支以党员为骨干的网络"保安队"。通过"攻坚团"紧盯重点任务、"安全师"抓好安全宣教、"保安队"守牢安全底线，实现了"三个不发生"❶的安全目标。

---

❶ 三个不发生：不发生网络边界防护失效、不发生信息系统被入侵控制、不发生数据批量泄漏。

国网陕西电力开展"党员带头反违章"活动

国网陕西电力大力推广"党员带头反违章，'十不干'随身学"现场典型做法。全体党员佩戴"我是党员，杜绝违章"胸牌，实施党员带头保安全八项措施，结合班前会组织全体工作班成员学习典型违章、抽查背诵生产现场作业"十不干"内容，带动全体员工争做保安全示范先锋。党员带头落实"双核查"机制，工作负责人、现场到位人员采用"手指口述"方式，在现场开工前、工作后进行设备状态和安全措施的"双核查"，确保作业安全、人身安全。

国网新源集团浙江缙云抽水蓄能有限公司打造党建共建"双引领"模式

国网新源集团浙江缙云抽水蓄能有限公司持续推进"党建＋安全生产"工作，成立党员青年先锋服务队，设置党员青年示范岗，覆盖监理、设计、施工、分包队伍、试验室等单位，积极开展劳动竞赛、样板工程、主题党课等活动，让党员青年站排头、做表率，每日统筹协调解决安全生产、资源调配等实际问题，保证了安全质量通病防治措施有效落实、各项工序紧密衔接。针对厂房及引水排水廊道施工难点，成立科技创新党员先锋队，量身定制"吉光号"TBM，创造了国内抽水蓄能电站TBM最高日进尺和单班进尺纪录，将党建"软实力"转化为工程建设"硬支撑"。

完善安全文化建设机制

建立安全文化建设责任体系、工作体系，形成齐抓共管的工作格局，强化安全文化建设制度支撑、智库建设和资金保障，确保工作推进有力有序、落地见效。

实践策略

明晰安全文化责任链条

· 明确各单位主要负责人是安全文化建设的"第一责任人"。各级安委会指导安全文化建设工作，建立安委办、安监部牵头，党建部、宣传部、工会等部门密切协同，业务部门深度参与的安全文化建设责任体系。将安全文化建设纳入各级领导干部、部门负责人、基层班组长安全责任清单。

制定安全文化建设制度

· 落实《国家电网有限公司关于安全文化建设的实施意见》，组织编制安全文化建设指引手册，系统诠释公司安全文化内涵。各省级单位以公司安全文化价值体系为遵循，依据公司安全文化建设指引，细化制定安全文化建设实施方案，形成具有本单位特色的安全文化。建立安全文化建设项目储备，确保资金及时到位。将安全文化建设成效作为安全生产创先评优的前置条件。

培育安全文化建设团队

· 各级单位选拔安全文化建设内部专家，邀请政府部门、高校院所等安全专家，建立安全文化建设智库团队，开展安全文化理论研究和过程评价，强化工作指导，为安全文化建设提供人才支撑。

实践案例

国网河北电力石家庄供电公司"齐抓共管"安全文化建设

国网河北电力石家庄供电公司成立以党委书记为总负责人，其他班子为成员的安全文化建设工作领导小组，负责安全文化建设工作整体谋划和指导推动；明确安全生产管理部门为办事机构，负责具体实施；吸纳基层安全管理人员为骨干，全体员工参与，形成上下联动、齐抓共管的工作格局。制定推进安全文化建设三年规划，印发《安全文化建设实施方案》《"坚守安全、约定幸福"安全文化建设年主题实践工作方案》，对安全文化建设的总体目标、阶段内容、标准措施、时间节点作出了详细安排。安排专项费用，保证安全文化建设资金足额投入。建立例会制度，协调解决各类困难和问题，确保安全文化建设工作稳步推进。

国网四川电力映秀湾水力发电总厂创新"1+2+4"三维安全文化建设模式

国网四川电力映秀湾水力发电总厂以培育安全管理文化力为先导，全面打造"1+2+4"三维安全文化建设模式。"一个核心"：以强化三基建设为核心，进一步夯实企业本质安全。"两个抓手"：以"党建＋安全"工程为抓手，广泛凝聚安全合力；以"班组自主安全管理提升活动"为抓手，切实增强员工风险意识和防范能力。"四项基本建设"：开展"多元化创新""全方位宣教""一体化应急""安全专项活动"四项基本建设，全面打造理念先进、行为可控、管理科学、流程优化的安全文化。通过"1+2+4"三维安全文化建设，全面提升企业安全管理水平，切实增强全员安全文化素质，实现企业安全发展、和谐发展、规范发展、高效发展。

营造安全环境

通过安全文化环境氛围营造，构建人、机、环境相互和谐的关系，形成良好稳定、持续发展的安全生产态势，从而达到预防事故、提高公司安全管理水平的目的。

实践策略

打造办公区域安全文化环境

· 利用宣传牌和宣传栏宣传安全文化价值体系，确保宣传内容长期可见。综合采用"上桌面、上纸面、上墙面、上屏面、上页面"等形式，浸润式传播安全文化理念。

· 将安全文化与定置、定位、定量管理相结合，建设更加友好的安全环境，培养良好安全习惯，促进自主管理。

营造生产现场安全文化环境

· 将本单位、班站安全目标以图表、公告板等简明方式进行公示，使员工在了解企业安全总体目标的同时，明确自身承担的责任。

· 将安全管理制度、作业标准、现场作业风险点以看板、公示牌、指导卡、流程图等方式进行展示。

· 对照《国家电网公司安全设施标准》，规范设置"禁止、警告、指令、提示"四类安全标志，完善安全设施，创建安全清晰的工作环境，保障人员安全。

实践案例

国网甘肃电力定西供电公司创建安全文化视觉体系

国网甘肃电力定西供电公司按照"符号化、视觉化、标准化"原则，在办公区显著区域、作业场所强化目视素材管理，加强设备、设施、器具和办公环境"安全性"传达，突出文明生产、文明施工、文明检修标准化，保证作业环境清洁、安全、卫生。试点开设"安全文化 LOGO、安全历程、安全明星、一线风采、安全学习园地"等上墙栏目，让安全文化理念显化为物，建立"在办公场所看得见，在工作现场感受得到"的安全文化营造模式。

国网重庆电力实施安全目标管理"可视化、分级化、契约化"

国网重庆电力推行安全目标责任书"上墙、上桌、上ⅰ国网"，在ⅰ国网建立"我的安全目标"标签，促进安全目标管理可视化。实行党员安全承诺制，组织各支部党员签订《党员安全承诺书》，将党员带头讲安全、抓安全的文字要求转化为对组织的庄严承诺，形成"我要安全、我管安全"的合力，落实安全目标管理分级化。固化安全目标责任书签订仪式，每年年初安全生产会议上，公司主要负责人与基层单位主要负责人签订安全目标责任书，强调安全目标管理契约化。

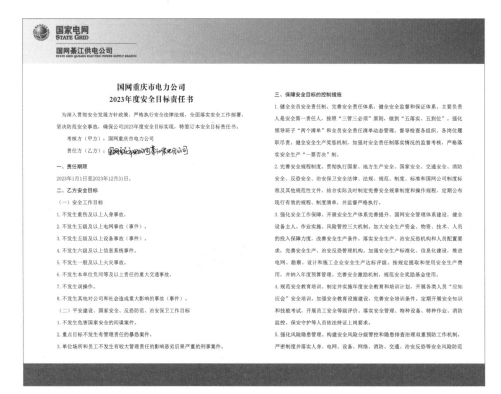

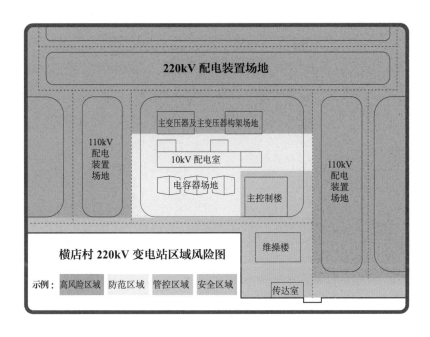

国网湖南电力株洲供电公司开展"目视管理"

国网湖南电力株洲供电公司实行"目视管理"，从区域划分、设备隐患排查、任务风险等级、装备标识四个方面打造安全物态文化体系。对班组办公、作业场所实地调研，开展安全风险评估和安全隐患排查，明确各类空间主体功能与关键安全风险。构建契合班组日常工作需求与场所实际的分区体系，采用红、黄、蓝、绿四种颜色，对各区域进行安全风险与功能的分级标示。其中，红色工作区，必须佩戴全套个人安全防护器具，且有现场安全监督人员在场的情况下才能进入；黄色工作区，必须佩戴全套个人安全防护器具，且有两人以上的情况才能进入；蓝色工作区，必须佩戴必要的个人防护安全器具之后才能进入；绿色工作区，作为通行区域和紧急疏散通道。通过班组区域安全物态文化体系建设，使班组成员进入特定区域即能明确自身安全行为要求。

压实领导干部率先垂范责任

领导干部是安全生产的关键少数，在安全生产工作中发挥"头雁效应"，带头"学"、带头"讲"、带头"做"、带头"抓"，一级做给一级看，一级跟着一级干，带领广大员工实现公司长治久安。

实践策略

领导干部带头"学"

· 带头学习习近平总书记关于安全生产的重要论述，持续深化对安全生产极端重要性的认识，不断增强抓安全的政治自觉、思想自觉和行动自觉。

· 始终保持本领恐慌，不断增强学习新知识、掌握新本领的自觉性和紧迫感，带头学习新要求、新知识，加快知识更新、知识结构优化，把握主动、赢得先机。

领导干部带头"讲"

· 把安全生产会作为开年第一会，围绕安全生产形势任务和重点工作，坚持开年讲安全、全年抓安全，夯实安全文化思想基础。

· 及时传达上级安全工作部署及会议精神，推动法律法规和规章制度在基层落地落实。

· 结合安全生产重点、难点和薄弱点，开展"一把手"讲安全课活动，提升全员安全意识和能力。

领导干部带头"做"

· 滚动修订各级领导班子成员"两个清单"，厘清安全职责，明晰重点工作。将各级领导班子成员"两个清单"落实情况作为安全生产巡查、督查的重点。

· 制定领导干部安全履责管理制度，公示领导干部安全履责情况，强化安全责任意识，提高安全管理能力。

· 关心、关爱一线人员，确保对一线人员的安全投入足额到位。

领导干部带头"抓"

· 加强调查研究，通过下基层、下现场，全面掌握安全生产实情，及时解决一线安全生产难点、堵点和痛点，提升管控质效。

· 加大"四不两直"督察力度，实地了解基层、现场安全情况，分析工作中存在的问题，研究制订措施，防范安全生产风险。

· 发挥联系点作用，领导班子成员定期参加基层安全日活动，倾听一线人员安全诉求，了解工作现状，指导提升班组安全水平。

实践案例

国网湖南电力郴州供电公司"第一议题"议安全

国网湖南电力郴州供电公司将安全议题列为各单位总经理办公会、各专业安委会和各部门、各班组工作例会"第一议题",通过各级安全第一责任人带头学安全、讲安全、抓安全,促使各级人员认真落实安全主体责任。建立安全第一责任人安全日报和专委会安全周报工作机制,定期组织各级领导干部

开展安全履职能力专项培训考试,提升履职质效。推行安全生产红黄牌机制,开展双重预防机制落实情况等专项督查,增强安全工作的责任感、紧迫感。

国网湖南电力郴州供电公司"第一议题"议安全

郴州公司坚持将安全放在第一位,编制《国网郴州供电公司关于全面开展"安全第一议题"工作的实施意见》,将安全议题列为各单位总经理办公会、各专业安委会和各部门、班组、供电所及服务站项目部等月、周例会"第一议题",常态组织宣贯学习习近平总书记关于安全生产的重要指示批示、国家安全生产法律法规、公司重要安全文件、上级领导关于安全工作批示等,学习典型事件教训,通过各级安全第一责任人带头学安全、讲安全、抓安全,促使各级人员认真落实安全主体责任,提升本质安全管理水平。

国网浙江电力龙港供电公司领导干部深入一线讲安全

国网浙江电力龙港供电公司组织所属各单位一把手结合安全学习周、安全生产月等活动带头讲安全课，签署安全倡议书，号召全体员工主动履责、担当作为、共保安全。要求班子成员每周到现场和班组不少于2次，坚持从思想、制度、行为、监督等方面，对违章问题进行深入分析。以"夯责任、防风险、除隐患、保安全"为主题，开展安全生产"大学习、大讨论、大起底"行动，组织领导干部下沉基层督导调研，强化事故、违章案例学习，举一反三，持续提升全员安全意识。

国网山西电力开展"本质安全我先行"专项行动

国网山西电力开展"本质安全我先行"专项行动，应用安监管理平台"领导履责"模块，完成领导班子成员安全生产工作清单任务分解录入，实行督办任务闭环管理，确保领导工作清单项项有承接、件件有落实。严格落实领导干部到岗到位要求，加强现场管控和反违章纠察，带动现场人员争做安全生产"监督员"。健全安全费用管理制度，规范提取标准、列支渠道、管理模式，足额投入安全费用，配齐配足劳动防护用品，开展职业病危害防治，保障员工身心健康。

国网河南电力提升领导干部安全督导质效

国网河南电力以领导干部督导调研抓牢安全管理，制订实施细则，明确领导干部安全督导调研工作标准、工作流程、重点范围和主要内容。应用风险监督平台，形成督导调研记录；开设内网督导专栏，督促各级领导班子依法依规履行安全责任；在反违章工作周报和月度安全综合评价中统计发布安全督导工作情况。规范各级领导干部到岗到位工作标准，严格履行到岗到位职责。以领导干部安全督察抓违章整治，按照"一月一策划，一月一主题"常态开展"四不两直"安全督察，对发现的严重危险行为和典型问题，向责任单位下达安全监察督办单，并纳入违章处罚管理。

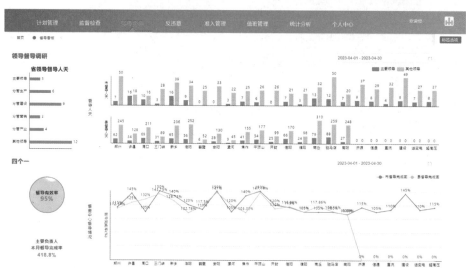

推动专业安全文化落地

分析总结各专业及现场的规律特征、风险倾向，形成各专业安全文化，着力推动安全文化融入基层、融入现场，实现安全文化建设具体化、实用化、实效化。

实践策略

 推动安全文化融入专业管理内容
· 全面梳理安全生产中普遍认可、高度认同的典型经验做法，提炼出通俗易懂、简洁明了的专业安全文化口诀、安全警句、现场典型风险防范做法等工作要领，便于广大员工领会掌握、熟知熟记。

 推动安全文化融入专业日常管理
· 发挥各级专业安委会指导作用，将专业安全文化落地纳入议事议程，研究将专业安全文化融入专业管理、现场作业的路径方法。

 推动安全文化融入现场执行落地
· 将提炼出的专业安全文化要领融入现场作业流程，纳入作业现场安全交底和风险控制卡，固化形成员工"按制度执行、按标准作业"的工作习惯。

实践案例

国网湖北电力打造 *N* 个专业安全文化

国网湖北电力构建"1+9+*N*"安全文化体系，结合安全生产工作实际，系统打造 *N* 个专业安全文化并持续拓展，形成包括人身、电网、设备等 10 大专业和倒闸操作、变压器检修等 25 类作业的安全文化指引。提炼各专业在安全管理上长期秉持、广泛认可的精神内核，指出专业工作中突出的安全风险，按照"专业文化、安全警句、专业精髓、专业做法、工作要诀"的结构框架，形成朗朗上口的文化要领，便于一线员工领会掌握，实现安全文化在各专业、各层级的"精准滴灌"。

国网青海电力送变电工程公司构建"三横三纵"安全文化建设模式

国网青海电力送变电工程公司围绕"三横",完善"现场、班组、人"三向管理。制作施工现场安全文化基础样板,项目部按照实际工作情况填充安全文化展示模块;将安全文化建设融入星级班组创建,增强队伍整体安全素质;推出安全文化基础教育"1234"样板❶,提高现场作业人员安全意识。围绕"三纵",建立"制度、精神、文化"三级管理。结合工程实际编制项目部企业文化标准化实施方案,完善安全制度建设;推动安全文化"人格化";挖掘施工一线模范人物,开展"身边模范,我来讲"活动,让文化理念浸润员工内心。

---

❶ "1234"样板:每月 1 次书记安全讲堂、2 次安全事故案例分析、3 次专项安全隐患排查、4 周班组安全评估。

国网冀北电力张家口供电公司丰富专业安全文化内涵

国网冀北电力张家口供电公司打造"铁军战斗堡垒"安全文化工程。构建"溯源治本"的安全培训文化，强化安全技能培训和岗位适应性培训。深植"做必做好"的运维执行文化，规范作业人员行为，压实"三种人"等现场关键人员责任。构建"防微杜渐"的隐患管控文化，持续强化设备运行状况、通道隐患等排查治理。深化"高效协同"的应急处置文化，常态开展各类典型场景的实战应急演练。提升"外协外包"的同质管理文化，将外包队伍执行公司安全管理制度作为硬约束，严格外包队伍安全资信审核、准入、评价。丰富"形式多样"的安全宣传文化，适时开展具有专业特点、工作特色的宣传活动。

国网安徽电力超高压公司打造"四个精准"直流专业安全文化

国网安徽电力超高压公司依托 ±1100kV 古泉换流站,推动落实"四个精准"直流专业安全文化,将"我要安全、人人安全、公司安全"的理念与日常工作紧密融合。推动构建各级安全督查五级分色管控体系,强化到岗到位和安全督查,实现"精准施策"。建成设备智慧管理系统,实现全站设备及消防系统设备状态全息感知,提高运检效率和安全水平,实现"精准创新"。针对不同设备制定差异化运维策略,明确监盘人员配置、运维巡视周期,扛牢电力保供政治责任,实现"精准保电"。采取"网络成员 + 设备区域"模式网格化管控,加强交叉作业监督,实时线上全过程管控,杜绝现场安全管理出现盲区,实现"精准管控"。

提升班组自主安全管理能力

突出班组在公司安全发展中的基础地位，将班组打造为安全文化建设的"主阵地"，着力提升班组安全意识，培养班组员工行为自觉，营造浓厚的班组安全氛围，逐步实现"我要安全""我会安全""我能安全"。

实践策略

强化班组安全意识

· 坚持开展班组安全日、安全大讲堂、安全大家谈、安全文化大讨论等活动，解读规章制度，反思安全事故，剖析典型违章，辨识安全风险，交流安全工作经验。

· 规范作业现场班前会，班组长或工作负责人组织班组成员主动识别安全风险，制订落实防控措施，并通过"手指口述"方式强化记忆。

规范安全工作行为

· 提升班组作业安全管控能力，结合实际制定各专业作业风险控制卡，班组人员通过"两票一卡"（工作票、操作票、风险控制卡），标准化开展现场作业，保障现场安全可控、能控、在控。

· 强化班组隐患排查治理，组织开展日常排查、专项排查和事故类比排查，建立"一患一档"，实行隐患定期通报、公示，落实全流程闭环整治要求。

营造班组安全氛围

· 激发班组安全工作活力，发动员工围绕安全生产工作建言献策；成立班组管理创新小组，针对工作中的问题、困难开展技术攻关和管理创新。

· 开展"亲情助安"活动，组织员工家属参观作业现场，采取多种形式共同学习事故与违章案例。邀请家属参与座谈，家属谈亲情、话安全，员工强责任、讲担当。

实践案例

国网天津电力滨海供电公司打造"五型"班组安全文化

国网天津电力滨海供电公司打造"安全可靠型"班组，通过绩效考核计分量化班组成员履责情况，按照"一单三书"❶落实安全责任。打造"遵章守约型"班组，创新建立"三点站位"❷"三重保护"❸安全管控机制，有效规范班组人员行为。打造"学习分享型"班组，建立"立足班组、专家授课、跨班交流、班组成员自学"的常态学习机制。打造"和谐奋进型"班组，设立安全小课堂、安全警示语等栏目，潜移默化增强安全意识和安全技能。打造"创新创效型"班组，以"张黎明创新示范基地"为主阵地，搭建"众创、青创、班创"平台，建成"静默""砺石"等10个班组创新工作坊。

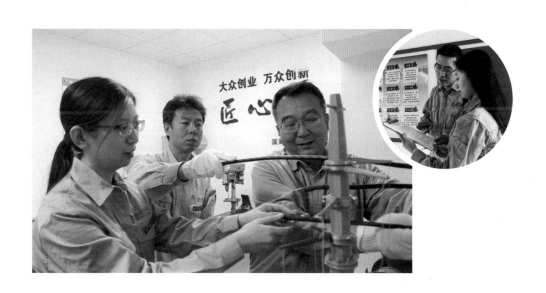

---

❶　一单三书：安全责任清单、安全目标责任书、消防安全责任书、网络安全承诺书。

❷　三点站位：设置安全围栏警示点、检修操作点和作业监护点。

❸　三重保护：工作前现场勘查，找出危险源点消除安全隐患；工作中严格执行工作票制度，从自身源头上杜绝安全风险；工作后认真分析总结，对出现的问题弄清原因、分清责任、找清措施。

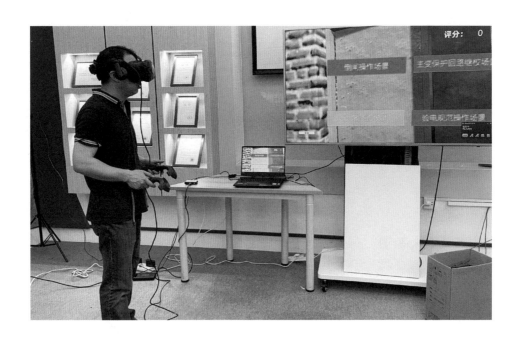

国网上海电力多措并举丰富班组安全活动

国网上海电力建好用好劳动保护网和劳动保护监督员巡视机制，举办班组"安全金点子"征集和"我身边的隐患排查"活动。采取 VR、AI 等新技术，借助三维实景仿真新手段，开展安全技能培训和考评。利用班前"三讲"❶，推行"六预行为"❷模式，开展班组风险防范献计献策活动。明确班员安全行为标准，常态化开展班组每周安全日活动，强化事故案例学习反思。树立安全生产榜样，每月推出"五榜一栏"，每季度评选"班组安全之星"，每年评选安全先进和标兵，给予绩效激励。

---

❶　三讲：讲上一班完成任务情况，对员工尤其是对优秀员工的表现要进行讲评；讲安全规程和应当注意的问题；讲清当班任务和具体要求。

❷　六预行为：预知、预想、预查、预警、预防、预备。

国网宁夏电力吴忠供电公司开展班组安全规章制度培训督查

国网宁夏电力吴忠供电公司建立"班长和驻班人员提出知识点，市、县（中心）专业人员对知识点审核把关，市、县（中心）两级领导人员进行督导，党委组织部、安监部、纪委办进行考核"的齐抓共管"四个机制"，按照"学习计划实不实、培训覆盖全不全、驻班人员作用发挥强不强、知识要点掌握牢不牢"的培训督导"四条标准"，确定"督促班所按计划学习、确保全员进行培训、联合班长提出学习知识点、检查学习效果"的驻班人员"四项责任"，通过严格督导进一步提升班组安全规章制度培训的实效性，切实推动基层班组不折不扣落实制度要求。

国网山东电力超高压公司开展"亲情助安"活动

国网山东电力超高压公司开展亲人"我助安全"主题联谊，将"亲情助安"纳入春秋检前安全专题活动。组织员工家属录制"爱心叮咛"视频，在班组安全文化阵地设置"家人嘱托"专题视频板块，在班组安全日活动、班前班后会、重要检修工作前集中组织观看，重温亲人安全嘱托，实施安全提醒，唤起员工的安全责任感。设置"安全生产警示教育""安全知识竞答""一句话安全嘱托""安全用电小课堂"等多样化的主题环节，通过充分互动引导员工和家属齐心协力、共筑安全，形成"家企互助，你我同安"的文化氛围。

国网江苏电力苏电产业管理公司提升一线班组主动反违章意识与能力

苏电产业管理公司面向基层班组广泛征集、总结推广产业特色安全文化理念和安全警句，宣传反违章典型案例。开展正向心理宣导，制作推广严重违章动漫视频，深化震撼式警示教育。开发场景化培训资源，精心制作《工作票典型违章图解》等培训课件。依托省管产业作业安全指导与实训

实训基地揭牌仪式

基地、移动式电力安全体验方舱等开展反违章技能实训，通过引入体感、VR、3D 仿真等安全模拟实训新技术、新装备，打造反违章实践载体。健全省管产业安全生产奖惩机制，推进工程"项目长"、安全"红黑榜"试点工作，突出对反违章工作的奖惩激励。

移动式电力安全体验方舱

开展安全文化宣讲

深化基层单位安全文化宣教传播，结合各单位安全管理实际，组建安全文化宣讲团，广泛开展宣传、讲演活动，逐步推动安全文化在广大员工中内化于心、外化于行。

实践策略

 开发安全文化宣讲资源
· 以员工喜闻乐见的方式，编制安全文化教材、课件，编排安全文化宣讲作品，灵活选取讲座、演讲、快板、诗朗诵、情景剧等形式开展安全文化宣讲活动。

 组建安全文化宣讲团队
· 吸纳安全管理、安全文化建设等方面骨干力量，成立安全文化宣讲团队，进行安全文化专题培训，提升宣讲水平。通过宣讲团队的示范作用，引导形成"人人讲安全"的浓厚安全文化氛围。

1　2

3

 开展安全文化宣讲活动
· 制订安全文化宣讲计划，组织宣讲团深入班组、工区、项目部，多方位、多频次开展巡讲巡演，将宣讲活动纳入新员工培训"第一课"。持续优化宣讲方式和内容，确保宣讲活动走深走实。

实践案例

国网技术学院开展新员工安全文化培训"第一课"

国网技术学院将安全文化融入新员工培训全过程，优化新员工安全教育培训模块，开发典型事故案例、生产现场作业"十不干"等安全生产教育课程，提高学员安全学习的针对性、实效性。强化安全意识教育，精心筹划新员工安全文化培训"第一课"，邀请公司安全文化专家授课，激发新员工对安全生产的敬畏之心和学习热情。强化安全技能提升，积极营造"未上岗先想安全、入职初即懂安全"的文化氛围，引导新员工养成良好的安全工作习惯。

国网吉林电力四平供电公司开展沉浸式安全文化培训

国网吉林电力四平供电公司连续五年开展"我当一天安全员"青工纠违闯关竞赛，让员工转换角色，从"被检查人员"变为"检查人员"，通过参与看图纠违、现场挑错等一系列活动，深刻体会违章行为危害，提高遵章守纪的安全意识。转变单一"念通报"的学习模式，由班组人员以"边画边讲"的方式提升学习质效。开展"非计划作业安全回顾"，一线员工反思分析自身或他人存在的不安全行为，共同研讨防范措施。

国网辽宁电力抚顺供电公司将雷锋精神引入安全文化宣教

国网辽宁电力抚顺供电公司开展"雷锋工程·安全生产一片情"活动，将雷锋关心他人、关爱集体、关注社会的浓厚人文情怀和榜样力量融入安全教育培训。以《雷锋写给三叔的家书》为启迪，开展全员"一封安全家书"活动，通过书信中对家人、朋友的叮咛嘱托，强化生产一线员工的安全红线意识和底线思维，夯实作业现场人身安全管控基础。创新安全文化宣教方式，通过开展征集安全格言警句，制作安全文化宣传 H5 网页、微视频、抖音等新媒体产品，记录一线员工攻坚克难、干事创业的风采，发挥文化正向引领作用，带动员工比有对象、学有标杆、赶有目标。

国网西藏电力创立"1+2+*N*"安全文化宣讲教育模式

国网西藏电力致力于送安全理念进基层，推动安全文化进一线，创立"1+2+*N*"安全文化宣讲教育模式。"一个大队"：组建"全国唯一、专业齐全、优势互补、语言多种"的电力安全教育训导队伍。"两个抓手"：抓县公司人员业务技能短板和实际培训需求，抓作业现场违章分析，制订量体裁衣式训导计划，因材施教，精准编制训导"菜单"，因地制宜开展实地学习。"*N*维培训模式"：实施现场训导、集中轮训等多元化培训，充分利用移动训导讲堂、实训基地、警示基地，做到场所、双语、设施灵活匹配，实现安全文化扎根基层一线。

国网黑龙江电力分层组建安全文化宣讲团队

国网黑龙江电力常态化开展全员安全大讲堂活动，组建覆盖各级班子成员、专业管理人员、基层班组人员的安全文化宣讲团队。以服务专业、服务班组、服务员工为导向，从安全形势教育、安全责任教育、安全意识教育、双重预防机制落地、安全事故案例分析、警示教育等八个方面入手，制订授课方向和宣讲要点。强化宣讲团队示范表率作用，将宣讲成员纳入各类专家库管理，将优秀课件向国网"云课堂"推荐，在公司系统内展播，引导带动主动学习、主动研究、主动思考，提升安全素质，规范安全管理，促进安全履责，夯实本质安全基础。

传播安全文化优秀成果

打造一批安全文化品牌，推出一批安全文化成果，宣传一批安全文化示范企业、示范集体、示范人物，推广典型经验，弘扬先进事迹。

实践策略

打造安全文化品牌

· 系统构建安全文化品牌。聚焦十个核心安全理念，达成安全文化价值共识，提炼安全愿景、安全使命、安全目标、安全方针。结合各单位实际，系统构建有特色的安全文化品牌，深化安全文化渗透力，强化安全履责执行力，提升安全文化影响力。

· 积极宣传安全文化品牌。制作安全文化宣传片，传播安全文化价值理念。对内通过网站、报纸等宣传报道安全文化优秀成果，对外通过传统媒体和新媒体平台传播安全文化品牌，推动安全文化广泛传播。

推出安全文化成果

· 创作多媒体安全文化作品。以安全文化视频、漫画、歌曲等多种形式，传播安全文化价值理念，营造"我要安全、人人安全、公司安全"的浓厚安全文化氛围。

宣传安全文化典型

· 推广安全文化建设示范企业典型做法。积极开展安全文化示范企业创建活动，认真学习、推广安全文化建设示范企业的好经验好做法，不断巩固创新安全文化建设成果。

· 宣传安全文化示范集体、个人。评选安全生产先进集体和个人，选树先进典型、弘扬先进事迹，引导员工从身边人身边事中汲取奋进力量。

国网青海电力打造"321"安全文化传播工作体系

国网青海电力针对自然环境、电网规模、人员素质等实际情况，以强化"三股力量"、建强"两个机制"、聚焦"一组目标"为重点，打造"321"安全文化传播工作体系。强化"党建引领力、组织执行力、传播创新力"，增强安全文化传播势能，推动员工自觉执行安全规章制度，自愿加入安全文化传播队伍。建强"两个机制"，增强"自上而下的传播责任、自下而上的传播意识"，增强安全文化传播本能，形成良性的安全文化传播环境。聚焦"宣讲全覆盖、受众全覆盖、薄弱环节全覆盖"目标。增强安全文化传播动能，引导员工"我要安全、我懂安全、我会安全、我保安全"。

强化"三股力量"
增强安全文化传播势能

强化党建引领力	强化组织执行力	强化传播创新力
抓实主题教育	强化正向激励	丰富安全文化传播内容
强化党建引领	强化管控力度	创新安全文化传播形式
支部联创联建		

贯彻"自上而下"的传播责任

牢固树立"安全发展"理念

压紧压实"关键人员"责任

丰富丰满"员工身边"载体

建立形式多样的经验分享机制

开展丰富多彩的安全文化活动

建设"自下而上"的传播意识

国网江苏电力南通供电公司打造"平安通电"安全文化品牌

国网江苏电力南通供电公司制订安全生产三步走策略。品牌建设启动阶段，围绕思想认识、安全活动、技能培训、班组管理、后勤保障、生产全过程管控、安全生产奖惩考核七个方面，制订30条专项行动举措。建立逐级月度安全述职评价机制，完善外包工程"同进同出"管理制度，实行管理人员到岗到位量化积分考核。品牌建设攻坚阶段，制订20条专项整治措施，分层分级开展"'认识、责任、管理'三个不到位"大讨论并延伸至外包单位。建立三级安全讲堂机制❶，执行安全生产文件批阅单制度。品牌建设再提升阶段，提炼形成"知敬畏·保平安"安全文化建设10条举措。系统凝练安全"十观"❷，拍摄《守牢安全底线　打造平安通电》安全文化宣传片，推动安全管理从制度约束走向文化自觉。

---

❶　三级安全讲堂机制：公司、部门每月举行安全、技术大讲堂，班组每周开设微讲堂。

❷　十观：安全价值观、安全教育观、安全责任观、安全预防观、安全行为观、安全作风观、安全保障观、安全人本观、安全激励观、安全目标观。

国网福建电力推出安全文化传播系列作品

国网福建电力围绕"四个管住""反违章"等工作重点，精心制作《安归》《我和我的安全》《天下无违章》等安全文化主题电影，结合春节后"收心"活动，组织员工和外包队伍集中观影。精心创作《四个管住》安全歌曲，全力营造"我要安全、人人安全、公司安全"的浓厚安全文化氛围。联合福建省应急厅拍摄《安全习惯点亮平安幸福人生》宣传片，结合社会热门新闻事件，提醒社会公众关注用电等安全问题，养成良好安全习惯。

国网江西电力制作反违章系列动漫、图册

国网江西电力制作《严重违章清单》动漫视频，通过情景模拟的方式逐条解读违章条款、释义，让员工熟练掌握违章条款，清楚违章后果，了解违章处罚等相关内容。编制《典型违章人身风险图册》，强化现场危险点分析、辨识和管控。遵循简单实用、易于携带的原则，编制《反违章口袋书》《反违章安全管理口袋书》，方便一线人员利用碎片时间随时学、随手学，形成良好的反违章宣教氛围。

国网四川电力宜宾供电公司以全国安全文化示范企业创建引领安全文化提升

国网四川电力宜宾供电公司积极开展安全文化示范创建，2017 年获评全国安全文化示范企业，2021 年通过复审。凝聚"安全为要，实干为先"安全文化理念，积极营造"说实话、办实事、重实干、求实效"的浓厚安全氛围。推进安全文化价值认同，实施"八大工程"❶，以文化人提升"四个能力"❷。推动安全文化落地最小单元，通过"每周一学""三微"等平台强化班组安全文化学习。加大安全文化投入，建成安全文化基地、安全警示教育室、李庄安全实训基地。开展安全宣传活动，推动安全文化理念融入企业、农村、社区、学校、家庭。

❶ 八大工程：全员轮训、领导干部素质提升、骨干队伍培养、电力工匠培养、师资力量提升、青年英才孵化、知识体系传承、培训长效机制建设。

❷ 四个能力：风险管控、服务保障、改革创新、价值创造。

打造安全文化物态载体

通过多种形式的安全文化物态载体，将公司安全愿景、安全使命、安全目标、安全方针、安全理念"可视化"呈现，提高员工对安全文化的理解认同，保障安全文化全面落地。

实践策略

 建设安全文化阵地
·各省级单位建设内涵统一、特色鲜明的安全文化阵地，可包含序厅、安全概况区、安全警示区、安全实践区、尾厅等展区，做到布局合理、分区明确，具备安全文化传播、警示教育、学习培训等基本功能。具备条件的单位配套建设网上安全文化阵地。

 建设安全文化教育室
·各地市级单位建设安全文化教育室，可依托各单位现有安全警示教育室进行升级改造，具备安全文化宣教、警示教育、作业风险体验、应急救护实操等功能。

1 2

3

 建设班组安全文化墙
·各县（区）级单位建设安全文化墙，实现对班组的"全覆盖"。班组应因地制宜，结合工作实际打造符合专业特色的安全文化墙。

实践案例

国网湖北电力示范创建安全文化阵地

国网湖北电力安全文化阵地以"1+9+N"安全文化体系为主线，采用声、光、电、影、物等多种技术手段和表现形式，实现安全文化宣传展示、安全警示教育、安全学习培训、安全成果共建共享等功能。阵地设有 8 个功能区，其中序厅以宣传片、主题曲、艺术图文等形式凸显"务实尽责，共享平安"核心安全理念、九大安全理念及"1+9+N"安全文化体系内涵。安全概况区展示国家安全理念、国网湖北电力安全概况，彰显了"安全是综合指标"整体定位。专业文化区建立人身、电网、设备等 10 个专业安全文化的资料库、脉络图，通过独立抽拉柜分类展示。安全警示区展播《以案为鉴·警钟长鸣》主题影片和安全事故案例视频，结合警钟图

序厅

专业文化区

文等安全元素，激发敬畏意识，引发深刻反思。安全管理区针对制度、责任、风险等 6 项安全管理文化，阐述内涵体系，展示具体实践。作业文化区展播作业安全文化、标准化作业视频，并通过场景沙盘、3D 模型透明屏、互动答题等交互方式，呈现电网建设、电气设备、现场作业等知识点。安全实践区设有沉浸式影院，打造了科技兴安、典范人物、安全创新、荣誉成果等文化展廊。尾厅陈列安全文化艺术作品，借助投影微视频展现"安全你我他，幸福照大家"的美好愿景。

安全警示区

作业文化区

国网新疆电力和田供电公司精心打造安全文化教育室

国网新疆电力和田供电公司安全文化教育室集展览展示、宣传教育、实训实操等多功能于一体，内设六大功能区，提供"教、学、练、考"融合的安全文化展示和学习平台。文化引领区，通过理念先导片、专业文化片、图文宣教展示等各种媒介，有效传递公司和国网新疆电力安全理念。警示教育区，展播各专业安全警示纪录片、事故案例短视频、典型违章图册、安全主题动漫等，通过视听冲击震撼人心，敲响安全警钟。风险体验区，设置人体触电、高空坠物打击、安全带脱扣、心肺复苏、倒杆等6类风险体感模拟实训项目，增强安全防护的自主意识。虚拟VR体验区，高度还原电气设备安装、倒闸操作、安措布置、检修预试、高空行走、火灾逃生等32类作业场景，开展沉浸式、情景式体感培训，实现安全教育培训的标准化、流程化。《安规》考评区，内设28个专业题库，通过随堂测试，巩固安全知识。总结签到区，以"输出"促进"输入"，引导参培人员积极思考，主动解决安全问题。

文化引领区

警示教育区

风险体验区

虚拟VR体验区

国网上海电力浦东供电公司积极建设班组安全文化墙

国网上海电力浦东供电公司以班组安全文化墙为载体，展示安全文化的丰富内涵和生动实践。传播安全文化理念，以"安全树"为文化象征，以十个核心安全理念为文化沃土，以安全管理、安全监督、风险防控、安全奖惩四个方面组成的安全工作体系为文化主干。设置安全管理看板，动态更新同工种竞赛、绩效考核、员工荣誉等数据信息，充分激发班组安全生产的内在动能。落实风险管控要求，公示作业计划、人员安排、危险点控制等关键信息，增强安全防范意识，维护安全生产秩序。营造安全工作氛围，多方式呈现班组安全宣传片、安全标语、技术创新图文等丰富内容，展现班组安全生产的良好风貌。

第五篇

公司安全文化建设规划展望

目标

建成国内领先、行业标杆、世界一流的
国网特色安全文化体系

五个阶段

规划部署阶段（2023 年）	示范引领阶段（2024 年）	实践推广阶段（2025 年）	全面提升阶段（2026~2028 年）	迈向卓越阶段（2029~2030 年）

五个体系

安全文化价值体系	安全文化保证体系	安全文化传播体系	安全文化行为体系	安全文化评价体系

二十项重点任务

01 构建安全文化价值体系
02 发挥党建引领作用
03 健全组织机构
04 明确工作责任
05 强化安全投入
06 完善规章制度
07 打造安全环境
08 抓实安全宣传
09 深化安全活动
10 强化安全培训
11 传播优秀成果
12 建设物态载体
13 强化领导干部率先垂范
14 压实管理一线人员安全责任
15 规范一线人员安全行为
16 研究建立安全信用机制
17 加强人文关怀
18 制定评价标准
19 明确评价方式
20 深化结果应用

公司安全文化建设规划逻辑框架

顶　　目标，是公司安全文化建设的期望。

梁　　阶段，是公司安全文化建设的路径。

柱　　体系，是公司安全文化建设的支撑。

基　　任务，是公司安全文化建设的基础。

背景

党的二十大报告强调，"推进文化自信自强，铸就社会主义文化新辉煌"，为公司扎实开展文化建设指明了方向。安全文化是企业文化的重要组成部分，推进安全文化建设是公司贯彻党中央决策部署、落实人民至上、生命至上的具体实践，是推动公司高质量发展的重要思想基础和精神动力。

依据

公司重视和加强安全文化建设，大力培育和构建新时代先进安全文化，立足国情、企情、网情，根据《中华人民共和国安全生产法》《企业安全文化建设导则》《企业安全文化建设评价准则》《电力安全文化建设指导意见》《国家电网有限公司关于安全文化建设的实施意见》等法律法规、标准规范，在全面开展安全文化建设内外部调研和溯源基础上，统筹明确安全文化建设规划指导意见。

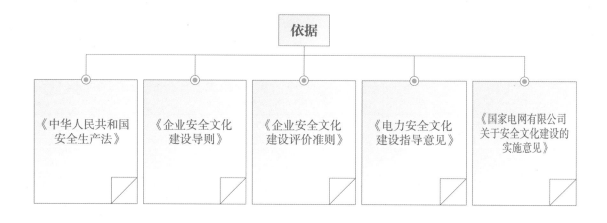

指导思想

以习近平新时代中国特色社会主义思想为指导，全面贯彻落实党的二十大精神，坚持人民至上、生命至上，基于安全文化❶实际，按照调研、策划、指引和跟踪的建设路径，优化完善安全文化规划建设顶层设计，明确规划目标，构建安全文化常态长效机制，充分发挥安全文化引领作用，切实提升安全意识、规范安全行为、改善安全氛围，不断提高安全文化建设的科学化、规范化、制度化水平，为公司建成具有中国特色国际领先的能源互联网企业提供坚强安全保障。

工作原则

以坚持党的领导、坚持"两个至上"、坚持系统观念、坚持重在实践、坚持开放包容为工作原则，开展公司安全文化建设规划。

---

❶　安全文化：安全价值观、态度、道德准则和行为规范组成的统一体。

实施路径

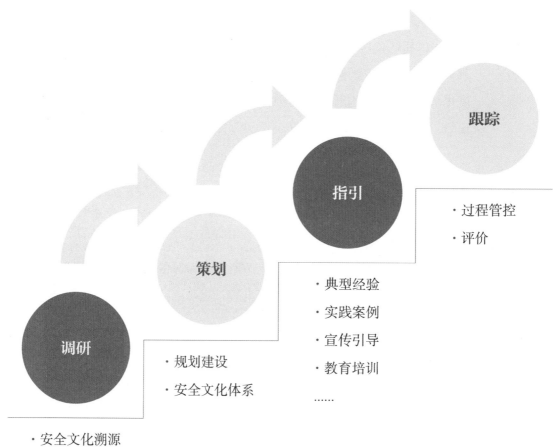

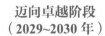

规划目标

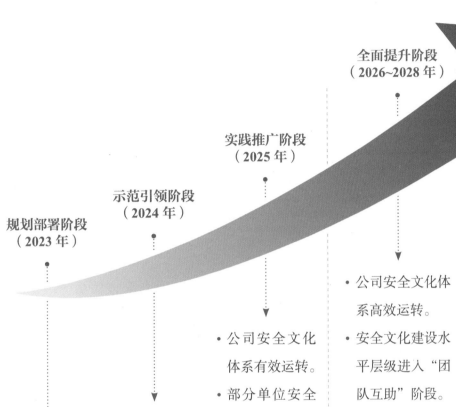

迈向卓越阶段
（2029~2030 年）

全面提升阶段
（2026~2028 年）

实践推广阶段
（2025 年）

示范引领阶段
（2024 年）

规划部署阶段
（2023 年）

• 公司安全文化体
系长效运转。

• 安全文化建设水
平层级进入"持
续改进"阶段。

• 安全文化保持世
界一流水平。

• 公司安全文化体
系高效运转。

• 安全文化建设水
平层级进入"团
队互助"阶段。

• 安全文化全面处
于国内领先地
位、成为行业标
杆、达到世界一
流水平。

• 公司安全文化
体系有效运转。

• 部分单位安全
文化处于国内
领先地位、成
为行业标杆、
达到世界一流
水平。

• 公司安全文化体
系实效运转。

• 安全文化建设水
平层级进入"员
工自觉"阶段。

• 公司安全文
化体系框架
基本形成。

• 各级安全文
化建设工作
有序推进。

近期规划（2023~2025 年）

基本建成国内领先、行业标杆、世界一流的
国网特色安全文化体系

远期规划（2026~2030 年）

全面建成国内领先、行业标杆、世界一流的
国网特色安全文化体系

重点任务

安全文化价值体系

01 构建安全文化价值体系

安全文化评价体系

18 评价标准
19 评价方式
20 结果应用

安全文化保证体系

02 党建引领　03 组织机构
04 工作责任　05 安全投入
06 规章制度　07 安全环境

安全文化行为体系

13 领导干部
14 管理人员
15 一线人员
16 信用机制
17 人文关怀

安全文化传播体系

08 抓实安全宣传
09 深化安全活动
10 强化安全培训
11 传播优秀成果
12 建设物态载体

安全文化价值体系建设

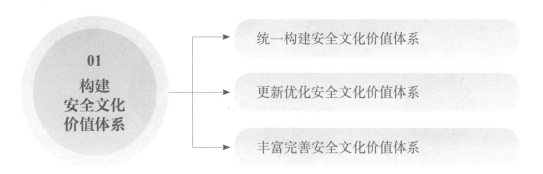

01 构建安全文化价值体系	统一构建安全文化价值体系
	更新优化安全文化价值体系
	丰富完善安全文化价值体系

安全愿景 —————— 公司在安全生产工作上未来若干年要实现的远景追求。

安全使命 —————— 为实现公司的安全愿景而必须完成的核心任务。

安全目标 —————— 为实现公司的安全使命而确定的安全绩效标准。

安全方针 —————— 公司安全生产工作的总要求，是安全工作的方向。

安全理念 —————— 最基本的安全价值观、态度和道德准则，是安全文化价值体系的核心要素。

安全文化保证体系建设

党建引领	· 发挥党组织战斗堡垒作用。 · 发挥党员先锋模范作用。
组织机构	· 成立领导小组和工作小组。 · 组建骨干队伍和专家团队。
工作责任	· 领导班子成员"两个清单"。 · 全员安全责任清单。
安全投入	· 加强人力资源保障。 · 加强资金投入。
规章制度	· 制定标准。 · 完善制度。
安全环境	· 深化目视管理。 · 做好员工安全防护。

安全文化传播体系建设

08 抓实安全宣传

· 拓展宣传渠道。
· 丰富宣传方式。

12 建设物态载体

· 建设安全文化阵地。
· 建设安全文化教育室（厅、廊）。
· 建设班组安全文化墙（廊）。

09 深化安全活动

· 丰富活动载体。
· 加强主题宣讲。

11 传播优秀成果

· 做好示范引领。
· 推动交流互鉴。

10 强化文化培训

· 开发课程资源。
· 创新培训方法。
· 开展等级认证。

安全文化行为体系建设

13 领导干部

· 带头"学"。
· 带头"讲"。
· 带头"做"。
· 带头"抓"。

17 人文关怀

· 畅通下情上达渠道。
· 强化正面引导。
· 健全心理服务机制。

14 管理人员

· 强化专业实践。
· 强化监督检查。

16 信用机制

· 开展安全信用调查研究。
· 增强规则意识和契约精神。

15 一线人员
（含外包人员）

· 强化安全意识。
· 推动守规实践。

安全文化评价体系建设

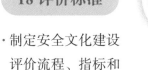

18 评价标准

·制定安全文化建设评价流程、指标和频次等标准。

19 评价方式

·分层分级组织系统内（外）部专家，开展安全文化建设评价。

·针对发生安全事故的单位，按照"四不放过"原则，结合安全履责调查，严格查纠安全文化建设方面存在的问题。

·及时评价反馈安全文化建设过程中存在的问题和典型做法。

20 结果应用

·坚持问题导向，抓好改进提升。

·评价结果作为公司安全生产评先评优的前置条件。

后记

为落实公司关于加强安全文化建设的决策部署，国家电网有限公司安全监察部组织开展了一系列调研活动，通过专班专题研究、书面调研、实地调研、座谈访谈、资料收集等方式，全面了解国内外安全文化理念、做法和建设情况，在多年理论研究和探索实践的基础上进行提炼总结，形成了公司安全文化价值体系，并组织编制了《国家电网有限公司安全文化建设指引手册（2023）》（简称《手册》），旨在指导公司各单位安全文化建设。

安全文化建设是一项具有长期性、复杂性、持续性和系统性的工程，《手册》是公司安全文化建设的阶段性成果，今后将动态更新完善。按照公司安全文化建设规划展望，公司将从安全文化价值、保证、传播、行为、评价五个方面构建安全文化体系，分五个阶段推动实现 2030 年远期规划目标。《手册》中实践案例是公司各单位近年来安全文化实践经验的总结，可供各单位开展安全文化建设时参考。

《手册》在编写过程中得到了中国电力企业联合会、中国电力设备管理协会、中国矿业大学等组织或单位的大力支持，借鉴了中国核能电力股份有限公司、中国民用航空局、中国安全生产科学研究院等单位的安全文化建设经验做法，国网湖北电力、国网四川电力、国网江苏电力、国网上海电力、英大传媒集团等单位在编写过程中付出了艰辛的努力，在此一并致谢！

希望各单位持续推进安全文化建设，在整体上遵循公司统一的安全文化价值体系，坚持开放包容、兼容并蓄，主动学习借鉴优秀安全文化，持续创新做法，积极打造契合自身实际的特色安全文化，为公司安全文化建设实践提供可复制、可推广的典范。安全文化建设永远在路上，让我们沿着先进文化发展方向，不断开拓新时代公司安全文化建设新局面，为全面建设具有中国特色国际领先的能源互联网企业努力奋斗。

编者

2023 年 7 月

图书在版编目（CIP）数据

国家电网有限公司安全文化建设指引手册. 2023 / 国家电网有限公司编. — 北京：中国电力出版社，2023.7（2023.7重印）

ISBN 978-7-5198-7917-4

Ⅰ. ①国… Ⅱ. ①国… Ⅲ. ①电力工业—工业企业—安全文化—建设—中国—手册—2023 Ⅳ. ① TM08-62

中国国家版本馆 CIP 数据核字（2023）第 103937 号

出版发行：中国电力出版社

地　　址：北京市东城区北京站西街 19 号（邮政编码 100005）

网　　址：http://www.cepp.sgcc.com.cn

责任编辑：张运东　王春娟　薛　红　周秋慧

责任校对：黄　蓓　郝军燕

装帧设计：张俊霞　永诚天地

责任印制：石　雷

印　　刷：北京瑞禾彩色印刷有限公司

版　　次：2023 年 7 月第一版

印　　次：2023 年 7 月北京第二次印刷

开　　本：889 毫米 ×1194 毫米　16 开本

印　　张：7.5

字　　数：142 千字

定　　价：68.00 元
